U0381049

你所不知道的世界

天气

姬晟轩◎编著

北方妇女儿童出版社

长春

版权所有　侵权必究

图书在版编目（ＣＩＰ）数据

天气 / 姬晟轩编著 . — 长春 : 北方妇女儿童出版社 , 2022.1
ISBN 978-7-5585-5900-6

Ⅰ . ①天… Ⅱ . ①姬… Ⅲ . ①天气－儿童读物 Ⅳ .
① P44-49

中国版本图书馆 CIP 数据核字 (2021) 第 180344 号

天气
TIANQI

出 版 人	师晓晖
策 划 人	师晓晖
责任编辑	国增华　魏士昌
整体制作	北京华鼎文创图书有限公司
开　　本	889mm×1194mm　1/16
印　　张	3.5
字　　数	50千字
版　　次	2022年1月第1版
印　　次	2022年1月第1次印刷
印　　刷	北京尚唐印刷包装有限公司
出　　版	北方妇女儿童出版社
发　　行	北方妇女儿童出版社
地　　址	长春市龙腾国际出版大厦
电　　话	总编办：0431-81629600
	发行科：0431-81629633

定　　价　50.00元

新生的地球上空聚集形成了初始的大气。水在大气中凝聚，酝酿出第一场大暴雨。这场雨一下就是好几百年，蓄积起来的水将地球变成了一颗大水球。

地球刚诞生时，还没有形成天气。

初始大气为地球带来了第一场大暴雨。

地球上一直有天气变化吗

热气球载着博士和小淘气回到了很久很久以前，看着眼前熔岩滚滚的、刚刚诞生的地球，小淘气惊讶不已。

大气层、海洋和陆地正在形成

森林的重要性

森林在调节气候、净化空气等方面起着重要作用。在干旱地区，森林可以防风固沙。

后来，地球上出现了生命，它们给初始大气提供了更多的氧气和二氧化碳，使得大气最终形成了现在的样子。天气施展"魔法"的舞台也就诞生了。

近代最温暖的一年
　　据科学研究发现，2016 年是近代测量出的最温暖的一年。

大冰期
　　地球表面覆盖有大面积的冰川的时期，被称为"大冰期"，大冰期内较冷的时段里，地球约三分之一的陆地被覆盖在厚厚的冰层下。

　　科学家发现，地球的气候似乎遵循着一个特殊的变化——冰期和间冰期相互交替。冰期是出现大规模冰川的时期，异常寒冷。很多动植物挨不过寒冷而灭绝，比如猛犸象。间冰期是指两次冰期之间气候稳定并且温暖的时期。现在地球正处于间冰期。

改变大气的功臣
　　蓝细菌这类能产生氧气的原核生物为大气提供了氧气，使地球越来越适合生物生存。

我们如何知道未来会是什么天气？

去气象中心看看吧。

这里能预报天气

小淘气还没回过神，就被智慧博士带到了附近的气象中心，他真想在海滩上多待一会儿。不过气象中心的奇妙，很快让他忘记了舒适的海滩。

这里没有云朵被"研究"，也没有人制造闪电放到天上去，有的只是很多电脑和巨大的屏幕，工作人员通过一组组数据，预测未来将发生的天气变化。

预测结果将被绘制成气象图，用来制作每天都会播出的《天气预报》。

而另一部分人则通过网络把天气预报发送给每个需要的人。

现在，通过电视和网络，我们能轻松获取到世界各地的天气情况，这是气象工作者们共同的劳动成果。他们是如何知道未来会是什么天气的呢？

每天也会有很多的气象气球飞向30千米的高空，它们是研究人员派出的"侦察兵"，肩负探测天气的使命，在云层中搜集情报，并将重要的数据发送到气象中心。

我们发射到太空中的卫星既能拍下地球的全貌，也能拍下大气层的情况，卫星将这些照片传到气象中心的电脑里。电脑会处理这些信息获得参考数据。

就连地面上也藏着研究人员的"士兵"——能提供实地天气数据的百叶箱等气象采集装置。

世界各地的气象站通过收集到的空气湿度、气压、温度、降雨量以及风速等数据，结合卫星探测出的大气变化，从而预测出未来的天气情况。

智慧博士仿佛预知到小淘气会好奇，他正悄悄准备着新的冒险之旅。

我们对天气了解得越多，就越容易掌握天气变化的规律。

气象在哪里发生

冒险正式开始前，智慧博士要考一考小淘气："你知道天气究竟在哪里发生吗？"

"在大气层里，外太空是没有天气变化的！"小淘气得意地扬起了鼻子。他可是花了不少工夫查找资料。

这个看上去圆滚滚的大球体叫作地球，它是人类和其他生命体生存的地方。在地球的表面裹着的一层厚厚的、透明的气体是大气层。

大气层与空气

大气层可以延伸到距离地球表面约1000千米的高度，但绝大部分的空气存在于距地面50千米以内。

如果谁想去看看星星生活的地方，首先要穿过这圈气体才行。不过星星生活的地方几乎没有空气！要知道，空气对于人类至关重要，离开了空气，人类就无法呼吸。

空气的组成

惰性气体约1%

二氧化碳约0.04%

氩

氖

氧气约21%

氮气约78%

空气是什么？

空气是很多气体混合而成的混合物。

大气层是气象发生的场所，没有大气层，就没有雨，也没有风和云，很多气象也就不存在了。

"稳定"的平流层

飞机在起飞和降落时很容易受天气的影响，当它飞上气流稳定的平流层，天气的影响相对减小。

大气层分层情况

约500km		散逸层
约85km		热层
约50km		中间层
约16km		平流层
		对流层

电离层

什么是气象？

气象是指风、雨、雷、电、云、雪等发生在大气层中的大气物理现象。气象大多发生在对流层。

气候

古人所说的气候和气象既有联系又有区别，气候是某一地区长期天气状况的综合表现。

智慧博士对小淘气的回答很满意，不过，他觉得虽然有些知识能从书上获得，但更多知识还需要亲自去体验，见自由门已经打开，他便领着小淘气出发了。

到云上去

小淘气和智慧博士的第一站：一片大云朵。小淘气一直很好奇，云朵里是不是藏着一个奇异世界呢?

云是大自然的"播报员"，不同的云预示着不同的天气。

卷云

高积云

层云

饱含水蒸气的热空气上升到天空中，由于高空的温度没有地面温度高，一部分水蒸气失去了热量，变成了小水滴和小冰晶。

云以释放潜热形式向大气输送热量，从而云成为地球-大气系统的动量、热量、水分传输和平衡的关键因素。

云消失了

当温度大幅上升时，云受热蒸发成水蒸气，云就消失了。

凝结核

飘浮在空中的花粉、灰尘等微小颗粒（又叫凝结核），会吸引空气里的小水滴和水蒸气，从而聚拢形成云。

晚霞会带来好天气

在云上不小心睡着了，小淘气再醒来时，发现天空竟然变成了橘黄色。

彩虹的由来

彩虹由光的散射形成。

在阳光非常好的地方，用喷雾器喷一些水，利用小水珠将阳光"分散"，也能形成彩虹。

观霞预测天气变化

朝霞预示着未来可能会有雨，晚霞出现则是好天气的征兆。

如果大气中有很多水蒸气，阳光经过大气层时，就会被大气"拆散"，变成红色光、橙色光、黄色光等。云也会染上这些灿烂的颜色，形成霞。

早上出现的霞称为朝霞，晚上出现的霞叫晚霞。大气中的水汽等含量愈多，朝霞和晚霞现象就愈显著，且愈富于红色。

朝霞不出门，晚霞行千里。看来明天是个好天气。

光的组成

太阳光的可见光部分由红、橙、黄、绿、青、蓝、紫七种彩色光混合而成。

坏脾气的大风来了

昨晚的晚霞很美，但是今天的行程很糟糕。智慧博士的"追风计划"失败了，他忘记了，他们搭乘的是热气球。

台风主要发生在海面上。它来时常伴有狂风暴雨和惊涛骇浪。有趣的是，台风眼所在的位置却是一片风平浪静的景象。

这是什么风？海水都被掀起来了！

是台风！我们不该乘气球。

台风的移动方向
台风形成后，常自东向西或西北移动，速度一般为10～20千米/时。

台风的直径
台风的直径一般200～1000千米，巨型台风可达1000千米以上。

台风长这样
台风眼
云墙
雨区

台风预警
在台风登陆前12小时，加固门窗，储存水和食物，做好应急准备。台风登陆前1～6小时应避免外出，尽量留在屋内。

龙卷风像一个大漏斗，它出现得很突然，通常持续的时间不长，有时只有几分钟。但它所过之处，很多东西都会被卷走。当风力减弱后，这些被卷上高空的东西又会从空中掉下来。

风！

卷！

龙！

龙卷风的速度与移动方向
龙卷风的移动方向和移动速度由其母云（强烈发展的积雨云）而定。每小时约40～50千米，快的可达百千米。

这又是什么风？

龙卷风的形成
龙卷风是空气的旋涡，是由于大气不稳定而产生的空气强烈旋转现象。

天气的分类
天气按其对人类社会产生的影响可以分为灾害性天气和一般天气。

灾害性天气
灾害性天气是指对大自然和人类的生命、生产活动造成严重灾害的天气。如台风、暴雨、龙卷等。

13

风是天空在"呼吸"吗

　　智慧博士急忙开启自由门，帮他们逃过龙卷风的"袭击"。他安慰小淘气说："并不是所有的风都有这样的威力。"
　　小淘气越发想知道风究竟是什么了。

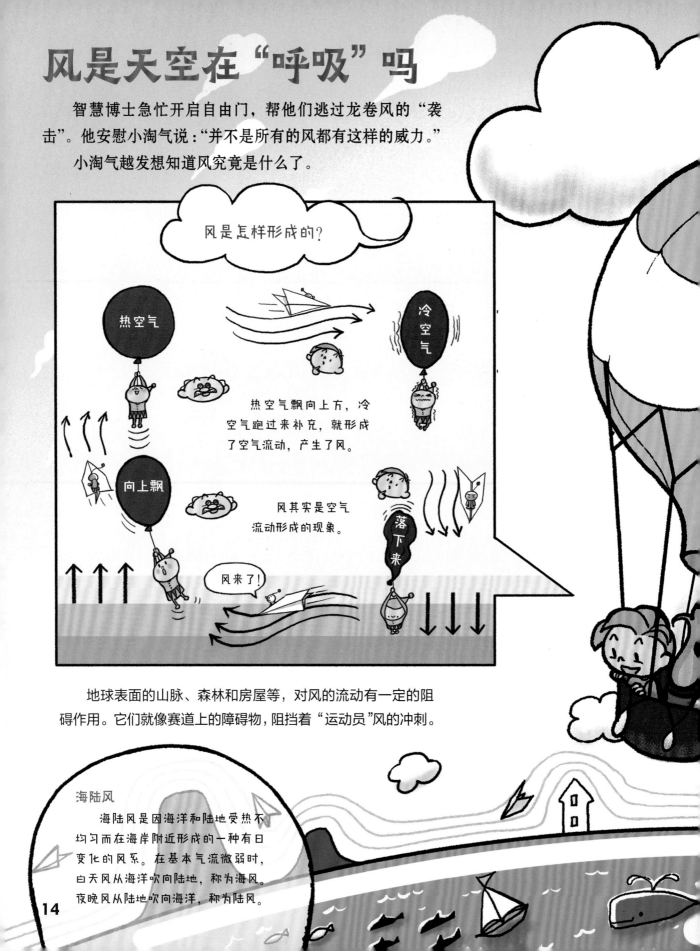

　　地球表面的山脉、森林和房屋等，对风的流动有一定的阻碍作用。它们就像赛道上的障碍物，阻挡着"运动员"风的冲刺。

海陆风

　　海陆风是因海洋和陆地受热不均匀而在海岸附近形成的一种有日变化的风系。在基本气流微弱时，白天风从海洋吹向陆地，称为海风。夜晚风从陆地吹向海洋，称为陆风。

我扇动翅膀时也能推动空气流动。

发现风速最大的正常风

在美国华盛顿山上监测到了风速最大的正常风（除龙卷风、台风外）。

人们利用热空气会上升的特性，发明了热气球。

世界上风最多的地方

南极洲一年有三百天处于大风中。

风力等级

1805 年，英国海军弗朗西斯·蒲福上将将风力划分为13个等级，但不包括台风。

风的方向

风常用风向和风速表示。气象上风向指风的来向，常以16个方位或360°来表示，航空中的航行风向，由风袋测量风向，指的是风的去向，与气象风向正好相反。

风时刻存在着，有时微弱到不易被感知。风能够帮助植物传播花粉，也能为人类所利用，比如发电。

东风和西北风的影响

东风温暖、雨水充足。

西北风干燥寒冷，局部地区会出现降温情况。

15

雷电轰隆隆

一阵大风刮过，热气球旋转了好几圈后，撞上了一片风都很难推动的黑云。小淘气有种不好的预感。

"轰隆隆——"

小淘气吓坏了，他们真的遇上了雷电！

古时候，人们以为雷电是天神愤怒时施放的法术。其实雷电并不是法术。雷电只是自然界一种很普遍的天气现象。空中出现乌黑的积云，通常意味着雷雨将至。

雷电的形成

在积云中，风以极快的速度上下扰乱云里的小水滴和冰晶，使云不断积蓄电荷。当电压高到一定程度，云与云、云与大地就容易发生放电现象，这时候雷电就产生了。

躲避闪电

大树、山顶上的电塔等高而孤立的东西，最容易成为闪电袭击的目标，所以打雷时不要站在高处或大树下。

雷雨天常见的闪电现象，因发生时间极短，又无法预知，而且强弱变化很大，是很难研究的大气现象之一。

闪电的形状
闪电的形状有多种，最常见的是绛状闪电和片状闪电。

闪电威力巨大，它出现的瞬间，会产生极高的温度，这个温度大约是太阳表面温度的3~5倍。

目前，人类还无法利用雷电，只能尽量减少雷电造成的损失。

避雷针是谁发明的？
美国科学家本杰明·富兰克林做了一个关于风筝与雷电的实验，这个实验启发他发明了避雷针。

上升气流还在源源不断送来水汽，雷雨会变得更大。

太可怕了，我要回家！

为什么先看到闪电后听到雷声？
闪电和雷声同时发生，不过光的速度比声音的速度快，我们会先看到闪电，过一会儿才听到雷声。

17

为什么冰棍会"出汗"？

冰棍从冰箱里拿出来后，包装纸上很快就凝结了一层水珠。这是空气中的水蒸气发生的液化现象。

谁把水送到了天上

小淘气再也不想遇见雷雨了，但是他很想知道上升气流是什么，不是他有多感兴趣，他只是想知道有没有办法让雷雨彻底消失！

天气暖和，我们能飘在空中。

好冷，大家抱成团吧。

为什么夏天比冬天潮湿？

温度高时，空气里的水蒸气会增多；温度低时，水蒸气会减少。所以大多数地区的冬天比夏天干燥。

通过蒸发进入大气的水汽，是产生云、雨和闪电等现象的主要物质基础。空气中的水汽含量也能直接影响气候的湿润或干燥，调节地面气候。

每天都有大量的水蒸发到空气里，它们随着空气一起流动，有的甚至能"周游世界"。

小循环

水分由陆地蒸发到大气，又回到陆地，或由海洋蒸发到大气，又回到海洋，这个现象称为"小循环"。

水的3种状态

水蒸发时，从液体变成了气体，也就成了水蒸气。

当温度降低，水蒸气又会变成水。

温度低于0℃，液态的水会被冻结成冰，这被称为"水的凝固"。

到了温度较低的地方，水蒸气液化成了雨滴或者凝华成为雪花，从天上掉下来。

大循环

水分由海洋输送到大陆，又回到海洋的循环称"大循环"。

降水会形成径流，不断冲刷和侵蚀地面，于是出现了江河。被水流搬运的大量泥沙，可堆积成冲积平原。渗入地下的水又能溶解岩层中的物质，将矿物元素带到大海里。

水循环是地球表层最活跃的运动之一。它不仅决定了人类赖以生存的水资源的时空分布，而且决定着森林、草原、沙漠、绿洲等自然景观的分布。由于人类活动强度的日益增强，因此人类活动也在一定的空间和一定尺度上影响着水循环。

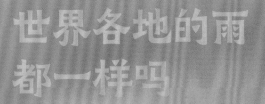

世界各地的雨都一样吗

小淘气发现，不是所有下雨天都会打雷。他强烈要求在不打雷的下雨天进行天气考察！

世界上降雨量最大的地方

人们迄今所记录到的年降雨量最大的地方是印度东北部的乞拉朋齐。

特大暴雨
大暴雨
暴雨
大雨
中雨
小雨

降雨等级

世界上最干燥的地方

位于南美洲的阿塔卡玛沙漠如同火星一样贫瘠而干旱，有时全年无雨，被称为"世界旱极"。

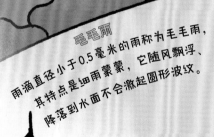

毛毛雨

雨滴直径小于0.5毫米的雨称为毛毛雨，其特点是细雨蒙蒙，它随风飘浮、降落到水面不会激起圆形波纹。

不下雨的城市

南美洲秘鲁的首都利马，号称"六百年没有下过雨"。这是夸张的说法，不过这里一年中也许只有一场雨。

雨滴的形成与形状

雨滴由雪花或冰粒等在空中融化而成，一般情况下，雨滴的直径在0.5毫米到6毫米之间。小雨滴呈球状，而直径在1毫米以上的雨滴呈扁球形。雨滴越大，形状越扁平。超过一定大小的雨滴就会破碎，所以自然界很少观测到直径大于6毫米的雨滴。

总是下雨的地方

夏威夷的怀厄莱山是世界上年降雨天数最多的地方之一，据说最多可达到350天。

雨是最常见的天气现象之一。它是水循环的一个过程，是几乎所有的远离河流的陆生植物补给淡水的唯一途径。

这边下雨那边晒

"云南十八怪，这边下雨那边晒。"这句谚语说的是云南地区因为地形影响，有时会有小范围的降雨，人们能够走出降雨区域。

冻雨

过冷的雨滴与空中或地面物体碰撞而冻结则称为冻雨。冻雨能造成飞机表面严重积水，威胁飞行安全。

鱼雨

在世界众多怪雨中，还有鱼雨。鱼雨的形成是因为海洋上刮起的龙卷风将海中的鱼卷到了天上，风力减弱后，这些鱼就从天上掉了下来，形成了鱼雨。

21

被雪砸到了

新的冒险需要等待机会。雨的考察结束好几天后，智慧博士终于得到了消息——北方有大雪。他带着小淘气兴致勃勃地去赏雪，却被这场"大雪"砸得有点儿疼。

这不是一场普通的大雪，里面竟然夹杂了冰霰（xiàn）。

当温度降低，云里的小水滴凝结成小冰晶，会形成雪花。如果从高空到地面温度都很低，雪花下落时不会融化，就形成了"下雪"的情况。

虽然我们大多是六角形的，但是长得不一样哟。

雪能保暖

雪花和雪花之间有着很多空隙，空隙里填满了空气，积起来就成了一床"大棉被"，它能够减缓地面温度散失。

雪地里很安静

雪花之间的空隙，还能"吸收"声音。雪地里通常很安静。

冰霰又称雪豆子或米雪，大多为圆锥形或类球状的白色颗粒。冬季降雪时，偶尔会出现冰霰气象。冰雹与冰霰不同，它比冰霰硬，有极强的破坏力。冰雹主要发生在夏季。

我抓到了一些小冰球，这是冰雹吗？

不不不，这是冰霰。

啊，我被冻起来了！

冰霰的形成

冰霰与冰雹

冰霰和冰雹都在云层中形成，冰霰是凝结的小冰晶，而冰雹需要经过更复杂的运动过程才能成形。

冰雹的危害

冰雹从高空落下来，即使是小汽车，也可能会被个儿大的冰雹砸碎玻璃或者砸坏车身，更别说植物了。

飘在地面上的水

天气研究活动继续进行。一大清早，小淘气就被智慧博士叫到了花园里。花园中闪烁着无数小水滴，让小淘气很诧异。

露形成的条件

露的形成，需要两个条件：
1. 空气里的水蒸气含量高。
2. 温度降低很多。

这是露。

露是什么？是沐浴露吗？

智慧博士又打开了自由门，他们穿梭时空，回到了去年的冬天。这个冬天出现了大面积的霜。

在秋夜或者冬夜，贴近地面的空气中飘浮的水蒸气因降温在植物表面或地面凝结成了小冰晶，变成了霜。

山谷和洼地容易出现霜。

什么是霜冻？

霜冻主要是指农作物受寒潮影响而结冰的情况。霜冻会冻伤甚至冻死农作物。

露又称为露水，它并不是来自高空中的水。

夜晚，地面湿热的空气开始降温，这时空气里的水蒸气就在植物表面和地表凝结成了小水滴，变成了露。太阳出来后，露很快就消失了。

露可以喝吗？

露也是水，是可以喝的。古人常采集植物上的露水泡茶。

但是近现代空气污染严重，露也就不宜饮用了。

漂亮的霜花

霜聚集在一起，还会形成不同的、漂亮的"霜花"。

降霜了，天气会一天比一天冷。

雾霾是雾吗

　　智慧博士说，接下来的调查会有一点儿危险。小淘气很好奇，大雾里会藏着什么危险？会比雷雨更可怕吗？

　　雾就像贴近地面的云，它通常在夜间出现，清晨太阳出来后渐渐消散。
　　连绵的山间常会有云山雾绕的景象，像仙境一般。

雾滴
雾中水滴称为雾滴，其半径大多数为2～15微米。

雾的影响

　　1.大雾天气会降低能见度，容易造成交通事故。
　　2.雾是一些有害细菌和污染物的"温床"，人吸入混浊的雾有害健康。

雾形成需要具备3个条件：

1.有较明显的温度降低。
2.空气里有足够多的水蒸气。
3.空气里有凝结核。

曾经的"雾都"

　　英国的首都伦敦因长期弥漫着混浊的大雾，曾被称为"雾都"。

　　城市及其周边很容易出现一种类似雾的气象，被称为霾。霾是大量的灰尘、花粉等颗粒与水蒸气共同作用形成的，呈黄色或橙灰色。另外，霾不容易消散，它出现时，环境能见度更低。

霾含有大量的细小颗粒，大部分是对人体有害的物质，并且能被人吸入肺中，容易引发多种呼吸道疾病。遇到雾霾天，一定要注意防护。

当出现雾霾天时
将门窗关好，打开空气净化器过滤屋里的灰尘和微粒物。出门戴上口罩，减少户外活动。

干霾和湿霾

霾可分为干霾和湿霾。干霾的相对湿度一般小于60%，湿霾的相对湿度大于70%。当水汽进一步凝结，可能使霾演变为轻雾、雾。

霾预警

中度霾　　重度霾　　极重霾

黄　HAZE　橙　HAZE　红　HAZE

可怕的沙尘暴

雾霾中的沙子吹进了智慧博士的眼睛里，他一不留神按错了开关，让热气球飞到了一个奇怪的地方。这里黄沙漫天，让人感觉仿佛置身黑暗中。这是遇上了沙尘暴天气。

沙尘暴形成的3个条件

1. 地面有大量沙粒、尘埃。
2. 有大风形成，风力在8级左右。
3. 存在垂直和平行运动的气流。

什么是沙尘暴？

沙尘暴是"沙暴"和"尘暴"的总称，通常也称"风沙"。

威力无比的"黑风暴"

黑风暴是一种强沙尘暴，破坏力极大。1934年发生在美国的黑风暴持续了三天之久，震惊了全世界。

沙尘暴也有好的一面

据调查，沙尘暴从沙漠带走的营养成分落到海洋，为浮游生物提供了充足的养料，一些以浮游生物为食的鱼类也就有了丰富的食物。

沙尘暴通常出现在较为干燥甚至干旱的地区，会造成房屋倒塌、交通供电受阻或中断、火灾、人畜伤亡。

几乎所有沙尘暴来临时，"打头阵"的都是风沙墙。这种风沙墙甚至能比三十层的大楼还高。

防护林里种了哪些树？

设置防护林保护土壤，是减少沙尘暴的有效方法。

防护林里的"勇士"：

1. 沙柳　　　2. 梭梭
3. 中国沙棘　4. 胡杨
5. 樟子松

在不同的天气和气候条件下，沙尘可能会悬浮在空气中长达几天时间，这些沙尘会给人类健康带来严重影响。沙尘暴发生时尽量不要出门。即使在室内，也要注意关锁门窗，打开空气净化器。

古人怎样"预知"天气

经历了好几场不同寻常的天气，小淘气主动提出去图书馆查气象资料，其实他只是想等爷爷放弃冒险计划。

① 在甲骨文时代，人们靠抬头看天和甲骨占卜来预测天气。

今天的太阳比昨天红，也许要下雨了。

③ 东汉时期，中国诞生了世界上最早的风向仪——"相风乌"。

《晴雨录》

《晴雨录》记录了清朝从雍正时期到光绪时期，京都地区连续一百七十余年的降雨情况。

④ 古时还出现了专门观测天文气象的机构——"钦天监"。

二十四节气

　　"二十四节气"是中国古代非常重要的气候总结，它是古人依据太阳在天空中的运行规律，再结合天气变化总结而成的。

② 中国古代，人们给一年定出二十四个"节气"，还总结出每个节气的气象特点。每个节气代表了一段时间的天气情况。比如到了大暑时期，天气非常炎热。

世界上最早的气象学专著

　　古希腊哲学家亚里士多德的《气象通典》是世界上最早的气象学专著。

⑤ 中国古代没有"气象"一词，这个词来源于西方。中国对气象的科学研究，也是从近现代才开始的。

⑥ 民国时期，科学家竺可桢先生创建了中国历史上第一个气象研究所。

气团来袭！气候要变了

没想到智慧博士在图书馆里获得了更多新想法，冒险之旅又开始了。这一次，智慧博士兴致勃勃地带着小淘气去看降雨。

怎么又是降雨？小淘气对雨有了些小情绪！

我是热乎乎、湿漉漉的暖气团。

谁提出了"气团"的概念？

气团概念最早由瑞典气象学家伯杰龙于20世纪20年代提出。气团的发现对天气学发展和1～3天天气预报起了重要作用。

1 2

冷暖气团大比拼

第一场：夏季时，冷暖气团势均力敌，给南方地区带来了连绵不断的"黄梅雨"。

第二场：冬季时，冷气团强过暖气团，将有大寒潮来袭。

空气总是喜欢"抱团"，它们聚集成稳定的气团，去周游世界。富含水蒸气的暖气团遇到温度低的冷气团，会形成降雨。

一连下好久的"梅雨"，就是有名的气团降雨。

我是冰冰凉、干干的冷气团。

锋面

锋面为冷暖气团交界面，在此区域内经常产生降水或强烈天气。

气压

气压差是气团移动的原因。高气压的地方是很多气团"旅行"的起点。

N

高气压

60°

30°

0°

30°

60°

S

高气压

特殊气候

只有少数像北极熊这样的动物能在寒冷的极地生存，生物大多聚集在温带和热带。

北寒带

北温带

热带

南温带

南寒带

锋

两个温度或密度不同的气团相遇后形成的狭窄的过渡界面，称为锋。

气团非常庞大，而且种类多样。它们不仅影响着天气变化，也会给环境带去稳定的气候，而气候又影响着生物的生存环境。

谁"种"出了热带雨林

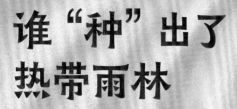

来自热带的暖气团把智慧博士和小淘气带到了世界上最大的热带雨林——亚马孙热带雨林。

亚马孙热带雨林位于南美洲的亚马孙平原上，世界第二长河亚马孙河贯穿其中，它是全球最大的热带雨林。

亚马孙平原上生活着许多动物，比如猴子、树懒、蝴蝶、美洲豹，以及一千多种鸟。河流里有着凯门鳄、淡水龟，以及水栖哺乳类动物如亚马孙海牛、淡水海豚等。

亚马孙热带雨林

亚马孙热带雨林像个巨大的吞吐机，勤勉地吸收着二氧化碳，释放氧气，被誉为"地球之肺"。

在赤道附近的亚马孙热带雨林纬度较低，气压相对较低。因为常年高温，周围的湿润空气很容易流动过来，为这里带来丰富的降水。

热带雨林气候

赤道南北常年高温、潮湿和多雨的气候，也被称为"热带雨林气候"。

广袤的热带草原

亚马孙河流域的森林两侧是两片广袤的热带草原。充足的雨水形成丰茂的草原，为草原动物们提供了赖以生存的家园。

热带雨林的分布

热带雨林主要分布于南美洲亚马孙河谷盆地，非洲刚果盆地，亚洲马来半岛及其附近地区，澳大利亚东北部及太平洋群岛。

中国的热带雨林主要分布在台湾南部、海南岛、广西临海的十万大山、西双版纳及西藏东南部等地。

沙漠气候大挑战

离开亚马孙热带雨林，小淘气和智慧博士来到了世界上最大的沙质荒漠——撒哈拉沙漠。

看着一望无际的漫漫黄沙，小淘气又想起了曾体验的沙尘暴！沙漠里更容易出现沙尘暴天气。

自然的艺术

地表的岩石受到风和水的侵蚀，容易崩碎。这种现象叫风化。风化能形成很多神奇的自然奇观。

世界第一大流动沙漠

阿拉伯半岛上的鲁卜哈利沙漠面积约65万平方千米，为世界第一大沙漠，也是世界第一大流动沙漠。

沙漠里的河道

旱谷是撒哈拉沙漠里常见的干涸河道。一旦有暴雨降下，这些河道就会重新积满河水。

如果沙漠都变成绿洲

沙漠是全球气候的重要组成部分，如果通过植树造林将大部分沙漠都变为绿洲，会对生态系统产生重大影响，甚至破坏原本的生态平衡。因此，人们仅对部分沙漠地区进行改造，以保护生态环境的稳定。

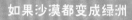

沙漠地区温度变化很大，白天的高温使得岩石膨胀，当夜晚温度骤然降低时，岩石又会收缩。如此长期反复，岩石就会变得很"脆弱"，慢慢变成了沙子，日积月累就形成了沙漠。

塔克拉玛干沙漠

塔克拉玛干沙漠又称"塔里木沙漠"，它以流动沙丘为主，一般高70～80米，最高达250米。西部因西北风影响，沙丘会向东南移动；东部因东北风影响，沙丘会向西南移动。

沙漠里的绿洲

绿洲是沙漠中存在水的土地之一。

泉水绿洲水源稳定，大多都能发展出城市。

河水绿洲形成于多雨地区的河道两侧。

传说中的楼兰古国，就是在山麓绿洲上兴建起来的。

奇妙的海市蜃楼

海市蜃楼常在海上、沙漠、雪原、极地等地区产生。

冰天雪地的南北极

智慧博士收到了一份来自科考队的邀请函，他带着小淘气乘船来到了南极。

地球最南端的南极，是一整块冰雪大陆，被人们称为第七大陆，也是唯一没有人员定居的大陆。

极昼与极夜

极昼和极夜是极地地区特有的自然现象。

极昼是太阳总不落，白昼很漫长；极夜则是太阳总不出来，黑夜很漫长。

冰盖

巨大的冰川形成了冰盖，覆盖了南极洲和格陵兰岛的大部分地区。

这些冰盖的厚度通常超过2.5千米，蓄积了地球上的大部分淡水资源。

海冰

在极地的海洋中有两种冰，它们的形成原因不同。

有的冰是直接在海里结冻而成，冰山是邻近海边的冰川或冰盖断裂而进入海里的冰块。

地球的最北端是被冰雪覆盖的极地，叫北极。

南北两极都有极昼和极夜现象。在漫长的白天，动物必须积累足够的能量，它们需要不停地进食。当极夜来临时，动物便可以凭借准备好的能量度过最为艰难的时期。

南极的"居民"帝企鹅

帝企鹅是南极企鹅中个头最大的一种，是唯一终年生活在南极本土的企鹅。

凶猛的北极熊

北极熊是北冰洋上的霸主。这个庞然大物虽然凶猛、强壮、耐寒本领高强，但是在极地寒冷的冬天寻觅食物异常困难，它也不得不忍受饥饿。

最冷的地方

地球的两极全年严寒，几乎都在0℃以下，具有全球的最低年平均气温。

在南北两极，待在水里恐怕比在陆地上"暖和"。

神奇的极光

南北极天空中时常出现极光，十分美丽，这是太阳风吹至地球的结果。

炎热的圣诞节

离开南极大陆后，热气球掉落到了热闹的澳大利亚，小淘气发现这里居然是夏天，现在可是12月！

看，圣诞老人在海里冲浪呢。

地球一直"歪着"身体围绕太阳公转，因此地轴和地球公转轨道面形成了一个夹角：黄赤交角。可别小瞧这个夹角，它影响着地球的四季变化和五带划分。

南北半球不同季节

太阳光大量照射在南半球时，南半球迎来了夏季。但由于黄赤交角的缘故，北半球接收到的阳光很少，于是进入了寒冷的冬季。

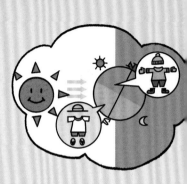

南北两极出现极昼和极夜现象也是因为有这个神奇的夹角。

我们在过夏天，可不能穿厚棉袄扮圣诞老人。

陆地和海洋也是影响气候的重要因素，北半球的陆地面积比南半球的大，因此，北半球的气候比南半球的气候更丰富。

被海洋环绕的陆地和被山环绕的陆地会有不同的气候形成，因此北半球气候的大陆性特征较强，而南半球气候的海洋性特征较强。

大陆性气候
　　降水较少，温差较大。

海洋性气候
　　气候湿润，降水量大，温差较小。

台风旋转方向不一样
　　由于地球自转造成南北半球的地转偏向力不同，使得台风在北半球的旋转方向为逆时针，在南半球的旋转方向为顺时针。

南北半球不仅季节相反，就连台风旋转的方向也是相反的。

想知道台风长什么样吗？请回顾本书第12～13页喲！

为"雨"设置的节日
　　有些海洋性气候引起的降雨往往集中在某个固定的时间，后来人们将这个时间定为"雨节"。

动植物也懂天气

智慧博士偶尔也会让小淘气自己去做调查，小淘气来到了森林里，听到了一些关于动植物和天气的故事。

在某些特殊情况下，动物对天气具有异常的感知能力，它们能够捕捉到非常细微的气象变化。

青蛙被称为"活晴雨表"

当空气很干燥时，青蛙皮肤上水分蒸发的速度会加快，它就需要回到水里。

麻雀对天气的变化也非常敏感

寒冬时，如果麻雀四处飞舞寻找食物，不断地往鸟窝里藏食物，就表明近期将会下雪。

鸟类大迁徙

当气候变化超过了动物们的忍受范围时，它们就需要搬家。

气候变化是大部分鸟类迁徙的原因之一。

蜘蛛是"预测"天气的小能手

蜘蛛大量吐丝编织蜘蛛网以抓捕猎物时，预示着好天气将来临。

草原动物的迁徙

旱季时草原雨水少，草木枯黄，食草动物们不得不追逐水源，到另一个地方去，形成动物大迁徙。

不只动物能感知天气，植物也有这个本领。并且植物会"改变"自身情况去适应多变的气候环境。

苹果树叶有"棉衣"

苹果树长在比较寒冷的地区，树叶上有一层短短的绒毛，能保护叶子不受冻害。

光滑叶片能防水

柑橘生长在温暖多雨的地方，它有着光滑的叶片，在大雨过后，光滑的叶片上的水能很快蒸发。

树木也可"预报"天气。

青冈树的叶子会随天气变化而变颜色。晴天，叶子为深绿色；雨天时，树叶变红。

"预报"下雨的鱼

将要下雨时，水中氧气含量会减少，于是鱼类纷纷浮到水面呼吸空气。

为什么水果的生长看天气

　　小淘气吵着闹着要在家门口种一棵橘树，博士无奈地阻止了他："北方地区并不适合橘树生长，过低的温度会冻伤橘树。"

　　不仅是橘树，许多植物都有适合自己生长的环境。

我曾经将苹果树种到热带，却从未结果！

古时候，就连皇帝想吃热带地区的水果，也不容易。

现在我们有发达的交通和大棚种植技术，想吃水果容易多了。

热带及亚热带地区

热带及亚热带地区气候温热、阳光充足、雨水多，适合榴莲、椰子、香蕉等水果生长。

温带地区凉爽干燥、昼夜温差大，适合苹果、桂圆等温带水果生长。

温带地区

"南粉北面"有原因

小麦和水稻是人们常见的两大粮食作物，它们生长的环境很不同。水稻一般生长在水分充足和相对温暖的地方。而小麦的生长大多需要经过低温的"磨练"。

我是冬小麦。我很小的时候见过大雪。

我是水稻，我很怕寒冷。

为了应对不同的气候和环境，动植物都会发生一些变化。在干燥炎热的沙漠里生活的动植物就掌握了"特殊"的本领。

我们在沙漠

骆驼的驼峰里储存着大量的脂肪和水分；鼻孔可以开闭，能抵御风沙。

驼鸟发达的气囊可调节体温，便于在高温下觅食。

根系发达的仙人掌植株长有一层角质薄膜，可以减少水分的蒸发。

今天可以不下雨吗

小淘气很好奇，人类难道不能对天气做点儿什么吗？当遇到恶劣天气的时候，是否有应对办法？

智慧博士给小淘气讲了讲关于人工气象的事情。

当干旱发生时，人们常采用人工增雨的方式缓解干旱。

人们利用飞机播撒催化剂或用高射炮向空中发射含有催化剂的火箭弹，可促使云层降雨或者增加降雨量。

人工气象的起源

"人工影响天气"是在美国诺贝尔奖获得者朗格缪尔的指导下，逐渐发展起来的改变天气的行为。

人工气象基本原理

人们运用云和降水等气象的物理学原理，主要采用向云中撒播催化剂的方法，使某些局部地区的天气改变成有利于人类活动的天气。

整个夏天都没下雨，出现了重度干旱。

暴雨带来的洪水淹没了我的家。

在山区，人们常使用地面烟炉播撒催化剂。从烟炉中飘出的部分催化剂会跟着气流直接飘入上空的云层。

人工消雾

大雾容易引发交通事故，人工消雾能让大雾很快散去。

人工消云

一些低层云容易影响航空飞行，人们向云层投放催化剂并轰散云层，起到消云的效果。

47

地球"穿"上小棉袄

原本只是讨论一下人工降雨，没想到智慧博士一定要实地考察一次，大雨湿透了他们的衣服！小淘气担心自己会感冒，还好今天的气温是40℃。

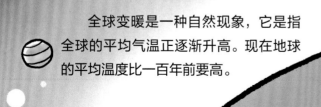

全球变暖是一种自然现象，它是指全球的平均气温正逐渐升高。现在地球的平均温度比一百年前要高。

> 今年似乎比去年更温暖。

> 全球正逐渐变暖。

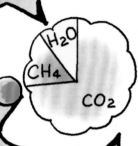

主要吸热气体
水蒸气（H_2O）
二氧化碳（CO_2）
甲烷（CH_4）

空气中有些气体会吸收热量，这些吸热气体会把热量"留住"，热量无法很快地"逃离"。

为什么吸热气体越来越多？
人们对化石燃料的使用，使得排放到空气中的CO_2急速增长。

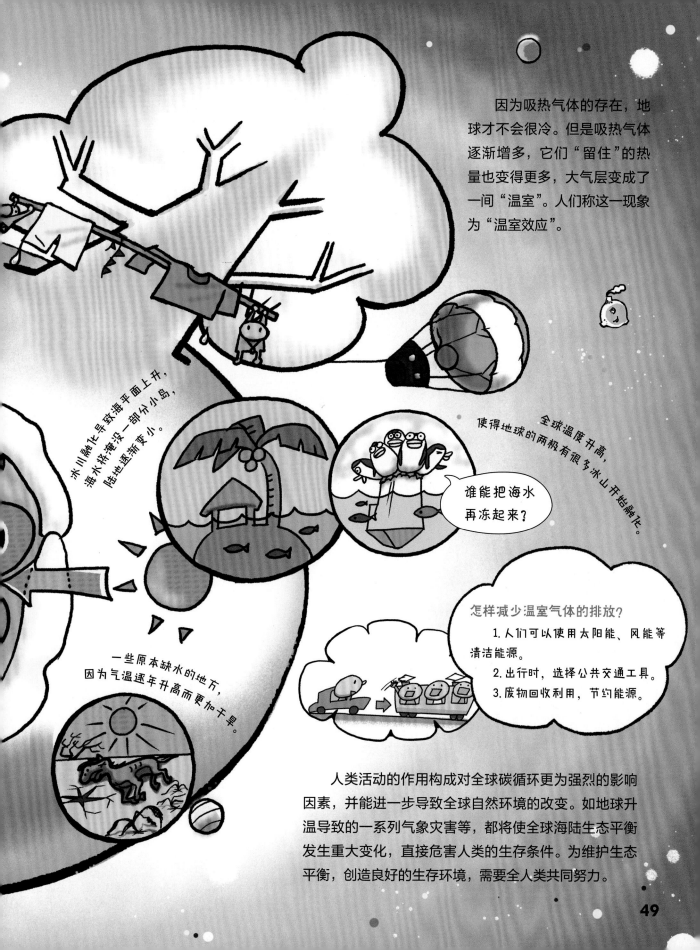

因为吸热气体的存在，地球才不会很冷。但是吸热气体逐渐增多，它们"留住"的热量也变得更多，大气层变成了一间"温室"。人们称这一现象为"温室效应"。

冰川融化导致海平面上升，海水将会淹没一部分小岛，陆地逐渐变小。

全球温度升高，使得地球的两极有很多冰山开始融化。

谁能把海水再冻起来？

怎样减少温室气体的排放？
1. 人们可以使用太阳能、风能等清洁能源。
2. 出行时，选择公共交通工具。
3. 废物回收利用，节约能源。

一些原本缺水的地方，因为气温逐年升高而更加干旱。

人类活动的作用构成对全球碳循环更为强烈的影响因素，并能进一步导致全球自然环境的改变。如地球升温导致的一系列气象灾害等，都将使全球海陆生态平衡发生重大变化，直接危害人类的生存条件。为维护生态平衡，创造良好的生存环境，需要全人类共同努力。